捨不得斷捨離？

試試 5cm 整理術！

須原浩子

三悅文化

前 言

好想讓家裡變乾淨。

既漂亮、住起來也舒適。

雖然有這樣的心願，但實際上房間裡總是堆滿雜物。

雖說想要整理，但卻不太順利，總是整理到一半就放棄了。

打掃呀整理什麼的，實在很不擅長……。

到底該怎麼做，才能讓家裡煥然一新呢？

獻給有以上煩惱並買了此書的您，

本書裡一定有滿滿能解決您的煩惱的方法。

無法順利整理的原因有：

＊東西太多

＊無法決定那些東西該擺放的位置

＊不知道該從哪個地方開始著手整理

等等。

首先，沒有用的東西能處裡掉就先處裡掉。

其次，決定東西該擺放的位置，每次使用完畢便隨即歸回原處。

如此一來，一定會有所改變。

最困難的，搞不好是最後一項「從何整理起？」也說不定。

雖然想改變現況，但卻不知該如何下手。

而解決這個煩惱的魔法關鍵字正是「只要5cm」。

5cm，看起來很少，卻是蘊藏著最大可能性的單位。

穿上比平常高5cm的鞋子，便能看到和平時不同的風景。

您是否有過這樣的經驗呢？

只要5cm，把東西提高、移動、放離開牆壁等等，

只需小小的動作便能讓房間的印象大大地被改變。

配合生活的動線，將5cm革命帶入空間當中吧。

而且實行起來也很簡單！

我把這個5cm的整理新法則，

獻給想把房間打造成既漂亮住起來又舒適的您。

只要改變5cm的配置即可！
打掃的新法則

前言 ··· 2-3

Rule 1
離開牆壁5cm ····························· 8-9

01 容易雜亂的餐桌只要
放離牆壁5cm就能乾淨整潔 ·········· 10-11

02 玄關櫃子上的東西，
請放離牆壁5cm ···················· 12-13

03 讓電視遠離牆壁5cm，
利於整理線材 ······················ 14-15

04 在廚房吧台的牆壁周圍，
空個5cm放置收納籃 ················ 16-17

05 讓沙發離開牆壁5cm並裝飾一幅畫，
立刻變身成不一樣的特別座 ········· 18-19

Rule 2
高度5cm的增減，效果一目瞭然！ ······· 20-21

06 幫廚房的垃圾桶加上高度5cm
的小輪子，便能輕鬆移動！ ········· 22-23

07 在瓦斯爐周邊很佔位子的調理用具，
讓它離檯面5cm懸掛起來吧！ ········ 24-25

08 把電燈調降5cm改變氛圍，
與重要的人共度晚餐時光 ··········· 26-27

09 幫笨重的傢俱加上高度約5cm的腳，
空間不但變大了，也很容易打掃 ····· 28-29

10 窗簾裝置在天花板下約5cm的位子，
打造出如飯店般的房間 30-31

11 魔布拖把要懸掛收納
在有5cm空隙的牆邊 32-33

12 洗臉台上亂七八糟的刷牙用品，
只要離開台面5cm，空間馬上乾淨清爽！ 34-35

13 在托盤裝上5cm的腳，
搖身一變成為優雅的小餐桌 36-37

14 直立靠牆擺放的傘，請掛在牆壁上。
離地板5cm、離牆面5cm的收納法！ 38-39

Rule 3
將5cm的空間發揮到極致！ 40-41

15 沒有架子的廁所裡，就使用伸縮棒。
以落差5cm的方式製作簡易架子 42-43

16 有效利用矮櫃側面的5cm空間，
當作包包的暫放場所 44-45

17 利用冰箱側面5cm的空間，
活用購物袋收納法 46-47

18 離牆面5cm裝置伸縮棒，
將沐浴用品懸掛收納 48-49

19 利用5cm的縫隙＋便利用品，
創造出扁平式包包的收納空間 50-51

20 利用比餐桌矮5cm的推車，
成為新的收納場所 52-53

21 利用門後掛鉤
來收納浴巾或浴袍 54-55

22 利用高度5cm的掛架，
收納餐具組和桌墊 56-57

23 利用喜歡的椅子，
變成床頭櫃 ·················· 58-59

24 調整書架的隔板，上下各縮5cm，
放置文件收納盒 ·················· 60-61

25 在壁櫥裡
簡單增設一個收納架子吧！ ·················· 62-63

26 請使用厚度約5cm左右的牆面收納袋，
來收納美妝保養用品 ·················· 64-65

27 利用衣櫥的5cm縫隙，
收納小東西 ·················· 66-67

28 在電視櫃的下方5cm處，
製作一個放DVD或CD的專屬空間 ·················· 68-69

Rule 4
5cm，改變尺寸 ·················· 70-71

29 使用前後2排的方式來收納書籍！
後排要墊高5cm ·················· 72-73

30 將鞋櫃的隔板各縮5cm，
新增加一層 ·················· 74-75

31 將隔板提高5cm，
打造長靴收納空間 ·················· 76-77

32 調降櫥櫃的層板，
確保高度有效利用空間 ·················· 78-79

33 廚房的流理台要是太低，
就請好好地活用5cm高的推車 ·················· 80-81

34 請將每個衣架往旁邊挪動5cm，
讓衣服間的距離擁有更寬敞的間隔 ·················· 82-83

35 在壁櫥裡設置2根伸縮棒，
前排的伸縮棒要比後排低個5cm ·················· 84-85

36 平常用來放內褲的抽屜，
請改用5cm高的就好 86-87

37 使用5cm高的收納盒，
就看得到裡頭裝什麼食品 88-89

38 把鏡子變大5cm，
視覺上房間也會變得更寬敞 90-91

39 拿掉CD外盒，將CD收納在資料夾裡，
厚度只有5cm，幫CD瘦身 92-93

40 一踏進玄關就把房間整個看光光，
請利用大盆一點的觀葉植物來遮蔽 94-95

Rule 5
擺整齊、整理好 96-97

41 只要移動5cm，就能整理好！
只是把東西放好、擺整齊而已 98-99

42 散亂的雜貨請收進箱子裡，
讓陽台的空間變得乾淨又清爽 100-101

43 利用有統一感的收納箱，
讓洗衣空間變得更乾淨俐落 102-103

44 使用活動收納櫃來收納廚房周邊
的料理用具和調味罐 104-105

45 整理陽台小花園，
請把盆栽整齊擺在架子上 106-107

46 手掌可以抓得住是重點！
雜誌若堆高到5cm就表示可以丟掉了 108-109

47 洗臉台的儲櫃內，為了門邊內的收納，
前方請空出5cm 110-111

離開牆壁5cm

您是不是都習慣把桌子和沙發等等家具，靠緊牆壁擺放呢？

雖然這樣可以讓空間更寬廣、有效增多可利用範圍，

不過如此一來，牆邊便容易堆積一堆雜物。

當然也會沉積一堆灰塵，變得骯髒雜亂。

為了不讓牆邊有雜物堆積的機會，

請將桌子、沙發或收納用品放離牆壁5cm吧。

只要從牆壁獨自獨立出來，就可從置物處的地位解放，

空間看起來就會有不一樣的感覺。

case 01 容易雜亂的餐桌只要放離牆壁5cm就能乾淨整潔

如果將桌子靠緊牆壁置放，就容易堆積物品，變得雜亂。

▶◀

Before

餐桌上總是
容易堆積物品

　緊靠著牆壁置放的餐桌，很容易一不小心就在桌子上的角落堆積一些物品。眼鏡盒、筆記本、看到一半的書、廣告信件、集點卡等等。即使準備了收納盒來放這些東西，也是一下子就放滿了。之後便會開始在周圍堆積起一堆雜物。

只要放離牆壁5㎝，就不會再堆得亂七八糟。桌子一但變得整齊乾淨了，就會讓人忍不住想在上面放一盆花裝飾呢！

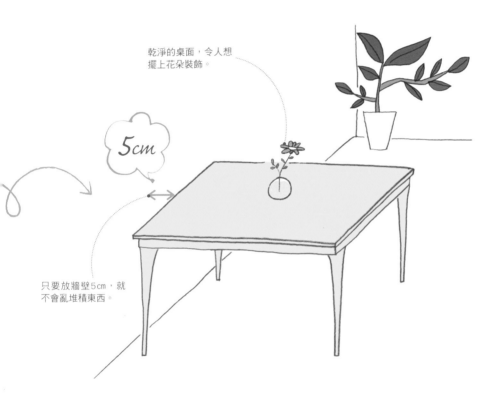

乾淨的桌面，令人想擺上花朵裝飾。

5㎝

只要放牆壁5㎝，就不會亂堆積東西。

After

桌子上容易堆積小東西，
請將桌子放離牆壁5㎝

　桌子緊靠著牆壁的話，不管多堆積了多少東西都不會掉到下面去，因此就會越放越多。若是將桌子放離牆壁5㎝的話，就很難囤積雜物，桌面會變得很乾淨。如此一來，整體空間不但看起來清爽，也會令人想裝飾季節的花卉或喜歡的植物，真是不可思議的效果！

case

02

玄關櫃子上的東西，
請放離牆壁5㎝

容易增生的信件、帳單或者是印章、鑰匙，不管怎麼整理也整理不完。

▶❙◀

Before

玄關的櫃子上
總是堆積了一堆傳單

　　總是希望身為家裡的門面、也經常用來迎賓的玄關可以常保整潔。話雖如此，鞋櫃或櫃子的上面總是亂丟一堆印章、鑰匙、信件、帳單或傳單等等物品。明明就準備了放印章、鑰匙的盒子，但為什麼卻沒有什麼多大的效果呢？

鑰匙和印章等等容易亂放亂丟的小東西，請準備一個小盒子收納起來。
並且將小盒子放離牆壁5cm，空間便會變得乾淨清爽。

放入郵件物品的小托盤，
可以順手拿進屋內。

5cm

只擺放在有鋪墊子的
限定範圍裡，看起來
就會很乾淨。

After

弄個離牆壁5cm的區域，
空間就會變得很清爽

　　即使將印章、鑰匙放入籃子或小托盤裡，只要是緊靠著牆壁擺放的話，看起來跟沒整理沒兩樣。只要離牆壁5cm，感覺空間不但放大了，還很乾淨清爽。再用畫作、花瓶裝飾，放置香氛瓶，讓玄關搖身一變成為氣氛畫廊。

13

讓電視遠離牆壁5cm，利於整理線材

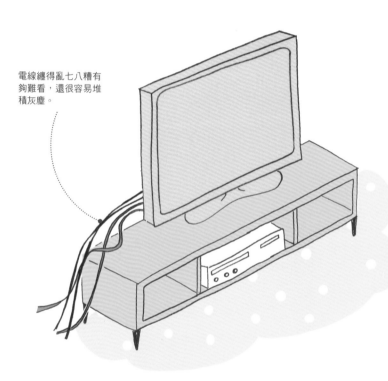

電線纏得亂七八糟有夠難看，還很容易堆積灰塵。

Before

電視週邊的線材全都暴露在外，
讓人看了很痛苦

家電製造廠商一直希望大家能把電視放在離牆壁10cm的地方。電視若是離牆壁太近，從電視產生的靜電會將牆壁染黑。不過，離這麼遠的話，聚集在後面的線材又會搞得亂七八糟，還會讓人看得一清二楚……。

即使在音響櫃或電視櫃放上液晶電視，還是有很大的空間。所以現在就把電視放離牆壁5㎝，將散亂的線材藏在電視後面，讓周圍變清爽吧！

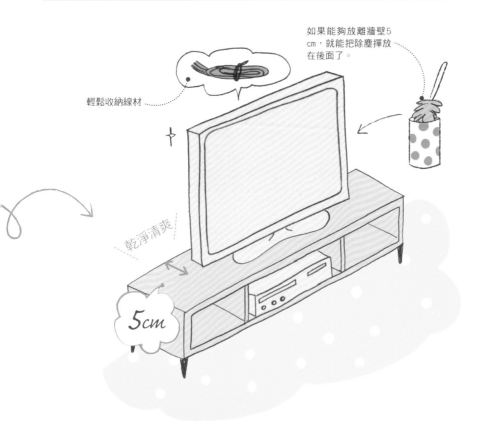

如果能夠放離牆壁5
㎝，就能把除塵撢放
在後面了。

輕鬆收納線材

乾淨清爽

5cm

After

電視周圍變得乾淨清爽，
當然也零灰塵！

　　把液晶電視放在電視櫃上後，還是有許
多空間。請試著把電視放離牆壁5㎝看看
吧！原本散亂在電視周圍、清楚可見的線
材，現在就可以整理好束起來放在電視後
面囉！電視後方的空間變大了，清理起來
也輕鬆。

在廚房吧台的牆壁周圍，
空個5cm放置收納籃

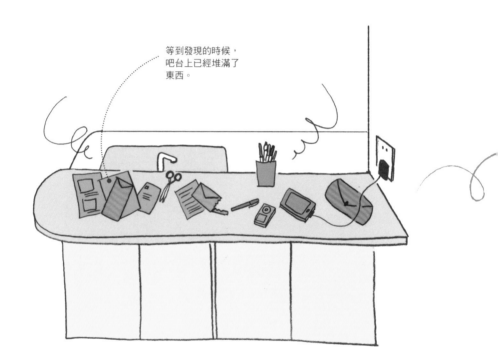

等到發現的時候，
吧台上已經堆滿了
東西。

Before

等到發現的時候，
吧台上已經堆滿了東西

　　廚房流理台上的小吧台根本無法無天。手機充電器、水果、飲料罐、印刷品、筆記用具等等，等到發現的時候，已經堆滿了東西⋯⋯。作為廚房和客廳的分界點的這個空間，總是堆滿與廚房客廳有關的東西，日積月累地下來，將變得很可觀。

不知不覺當中，就堆滿了生活用品的吧台，只要將素材和顏色統一並離開牆壁5㎝，就能給人乾淨清爽的印象！

在離牆壁5㎝處放置收納盒。手機就固定放在這空出來的5㎝空間裡。

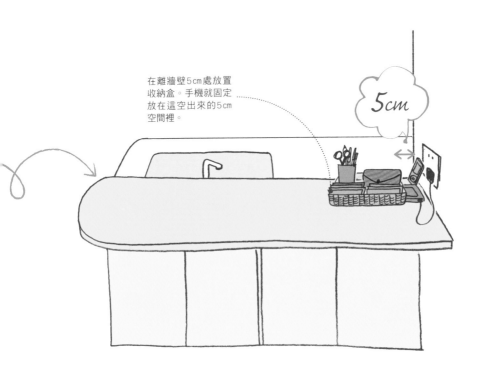

5cm

After

離牆壁5cm，
放置托盤或籃子等收納盒來收納

　　印刷品請放入A4 Size的托盤裡，水果之類的食品則可以放入較深的籃子中。即使收納容器的形狀不同，只要顏色上有統一，一樣能有乾淨清爽的效果。重點是要離牆壁5㎝喔！而這5㎝的空間剛好可用來當作充電的位置，如此一來，也決定了手機等電器用品的所在位置。

讓沙發離開牆壁5cm並裝飾一幅畫，立刻變身成不一樣的特別座

脫下來的衣服和換洗衣物，把沙發搞得像專放雜物的地方一樣。

毫無空隙

Before

衣服堆積如山，根本不能坐！

　　脫下來的衣服和洗好的盥洗衣物，經常一不小心就堆積如山。而且厚重的衣服山底下還埋了一堆雜誌或包包。堆滿雜物的沙發根本無法讓人放鬆心情好好坐著，最後就演變成只好坐在地板上才能看電視。這樣不但不能讓人放鬆還無法邀請朋友來家裡玩。究竟該怎麼做，才能讓沙發恢復它本身該有的功能呢？

要對付已經變成雜物處的沙發，首先要讓沙發離開牆壁5cm。如此一來，不僅方便在牆上裝飾畫作，也不容易堆積雜物。

讓沙發離開牆壁5cm，方便在牆上裝飾畫作。

5cm
以上

After

只要離開牆壁5cm，
就能讓沙發更有存在感

　　如果您的沙發是緊貼著牆壁，請現在就試試看把它搬離牆壁5cm吧！如此一來，就很方便在牆上裝飾畫作或張貼海報。只要提升沙發周圍的氣氛，就不忍再把它弄亂，也不會在椅背上堆東西了。不妨將喜歡的畫作加框裝飾，打造出特等席吧！

高度5cm的增減，效果一目瞭然！

房間看起來亂糟糟的原因是：「總是在地板或小桌子上毫無秩序亂放東西」的緣故。包包、店家給的紙袋、雜誌、DVD或生活用品等，因為還會再用，所以很容易就一直放著不整理。

本來只是想暫時放一下，但最後還是一直放著，沒多久房間內就堆滿雜物了。東西一多不但不好打掃，過於雜亂又容易長灰塵，實在是雪上加霜。

為了防止這樣的情況產生，請務必留意不要在地板上堆放東西。只要地板維持乾淨整潔，打掃起來也輕鬆。

乾淨整潔的房間看起來也比較寬廣。

如果能夠再活用5cm法則來調整室內傢俱，就萬無一失了！

case 06 幫廚房的垃圾桶加上高度5cm的小輪子，便能輕鬆移動！

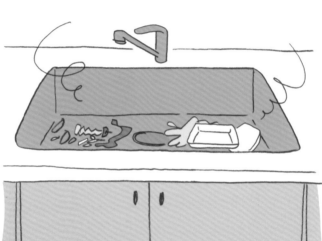

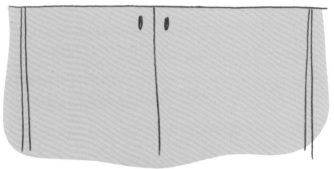

▶◀

Before

垃圾桶離得太遠，
導致流理台裡堆滿了垃圾

選擇要使用哪一種廚房垃圾桶，實在很令人煩惱。雖然外觀設計漂亮，但很難使用。相反地，很好使用的，外觀看起來又很普通。雖然剛好可以塞進多出來的小空間，但又離流理台太遠……等等。想要一個不但在有限的空間裡能夠有效運用，而且還能幫助在廚房做事情時，更加得心應手的垃圾桶。

若將垃圾筒改成可移動式，即使放得遠，也能順暢地移動到身邊使用。這樣就可以移動到流理台邊，輕鬆處理不需要的食材，料理時間也會大幅縮短。

加上小輪子，
移動好輕鬆！

5cm

After

做菜的時候可以同步移動。
可移動的垃圾桶真方便！

　　推薦各位將垃圾筒裝上小輪子！做菜或洗碗盤的時候，可以將它移動至自己的腳邊，便可以一邊做事一邊將垃圾丟進垃圾桶。最後再收進角落的小空間裡即可。另外，由於可以移動，也方便清掃地板。小輪子的高度約5cm，這樣拖把也輕鬆好拖！

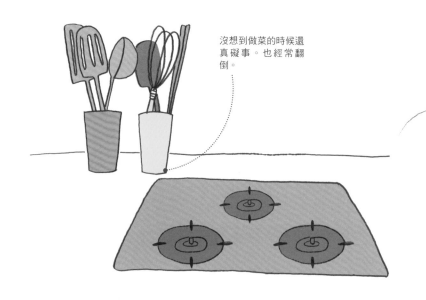

在瓦斯爐周邊很佔位子的調理用具，讓它離檯面5cm懸掛起來吧！

沒想到做菜的時候還真礙事。也經常翻倒。

Before
在廚房裡逐漸擴大勢力範圍的調理用具們。
不知道該放哪裡才好？

調理用具通常是放在瓦斯爐周邊某個角落，用收納容器集中起來。由於希望在做菜的時候，可以輕易取得，因此無論如何都想擺放在周邊。不過這樣會讓瓦斯爐周邊的空間越來越狹小。另外，即使用專用的收納架或收納筒，也是經常手一碰到就翻倒。

做菜的時候想要迅速取得的調理用具，請懸掛在牆壁來收納。不但好用，看起來也乾淨清爽，讓調理的空間變得比現在更寬廣！

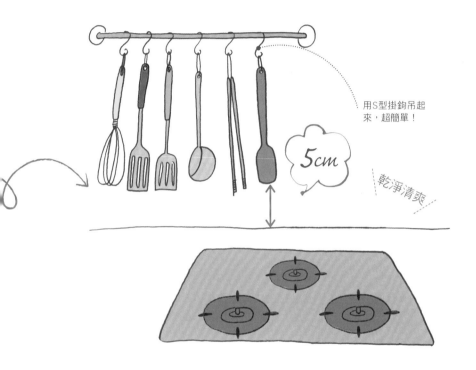

用S型掛鉤吊起來，超簡單！

5cm

乾淨清爽

After

利用毛巾架把調理用具
懸掛起來收納。

在牆壁上裝置毛巾架，把勺子或鍋鏟懸掛起來收納吧！做菜的時候垂手可得，洗淨後也能一下子就掛回去。洗淨後的木製鏟子即使反覆擦拭還是溼溼的，這時便可以掛著晾乾。而且調理空間變得比以前更寬廣，看起來也更乾淨清爽！

case 08 把電燈調降5cm改變氛圍，與重要的人共度晚餐時光

Before

想讓料理看起來更加美味可口，
並讓餐桌變得更有氣氛

　　2人圍著餐桌共享晚餐。有時候也想要在特別的日子裡，換上一個氣氛較佳的電燈。若是想要讓餐桌上的食物看起來更美味可口的話，該怎麼做才好呢？有沒有能讓自己家的餐桌，也變得像餐廳般有氣氛的方法呢？

控制主燈，使用吊燈製造出有陰影的燈光。只要調降5cm，便能讓人與料理沐浴在親密感十足的燈光裡。

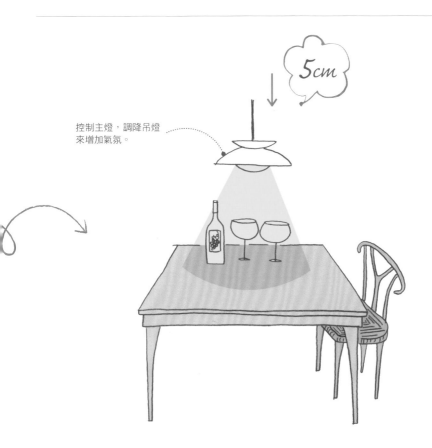

控制主燈，調降吊燈
來增加氣氛。

After

調降吊燈，
製造出餐桌上的陰影

　　設置在天花板上的主燈要是開得太亮！餐桌上就不容易產生陰影。因此，要控制主燈，使用吊燈來照亮餐桌。以不擋住視線為前提調降5cm，便能打造出親密的氣氛。燈光若是黃色的，料理就會看起來很美味可口。

幫笨重的傢俱加上高度約5cm的腳，空間不但變大了，也很容易打掃

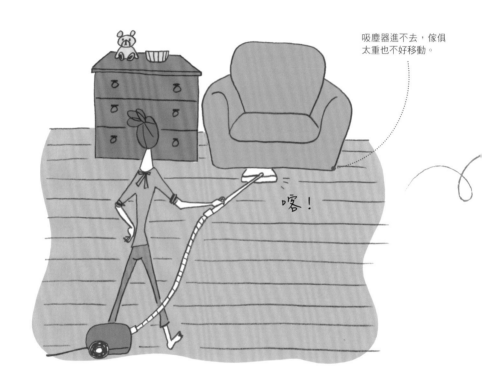

吸塵器進不去，傢俱太重也不好移動。

嗒！

Before

想要隨心情更換地墊花紋，
但是過重的傢俱
移動起來超辛苦！

陪著自己過日子的房間，從沙發上的可見視野也會有看膩的時候。為了轉換氛圍，想要換換地墊或抱枕，或者變換傢俱位置，更換一下不同的花紋。但是內部已經放滿東西的櫃子過於沉重超難移動……。有沒有更輕鬆的方法，可以隨意變換呢？

只要在櫃子或沙發底部裝上腳，便能順暢移動！裝上腳的沙發，視點也會因此提高了5cm，如此一來，映入眼簾的景色也會變得不同。

看得見地板，房間看起來也更寬廣。

5cm

5cm

After
裝上腳之後，
不但可以輕鬆移動，
空間也變大了！

　　即使只有5cm，視點也會確實提高，只要這樣就能拓展眼前的視野。為較矮小的沙發裝上腳後，對於氣氛轉換大有幫助。不緊黏著地板，房間看起來就更加寬廣。另外，在腳加上防滑墊便可輕鬆移動。多了這墊高的5cm，吸塵器的頭也可以伸進去，打掃起來更方便了！

case 10 窗簾裝置在天花板下約5cm的位子，打造出如飯店般的房間

▶◀ ▶◀

Before

即使裝上法國製的窗簾，
也沒有歐風的感覺⋯⋯。

想要擁有如歐洲飯店般的客房風格，因此購買了法國進口的窗簾，不過，卻和想像的不太一樣⋯⋯。若是改變窗簾的懸掛方式，是否能打造出充滿歐洲氣息的房間呢？

窗簾佈置重要的不只是窗框，只要換成可以遮蓋天花板到地板範圍的窗簾，便可一口氣改變空間的氛圍，呈現出想要的歐洲風格。

只要從天花板開始懸掛，便能打造歐洲風格。

5cm

窗簾下襬也延伸到地板。

After

提高窗簾的裝設位置，
打造歐洲風格般的窗邊景致。

　　將窗簾的裝設位置，一口氣提升到天花板下約5cm的位置。如此一來，便可一口氣改變房間的氛圍，呈現出想要的歐洲風格。對於早晨的陽光太過強烈的房間而言，不但可以遮蔽強光，落地的窗簾也能防止冬天時，從窗戶縫隙所滲入的外面的冷空氣。

case 11

魔布拖把要懸掛收納在有 5cm空隙的牆邊。

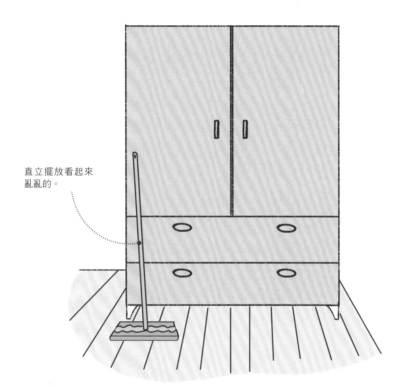

直立擺放看起來
亂亂的。

◄■►

Before

雖然想放在好拿的地方，
但不知道要放在哪裡才好？

　偶爾會用到的打掃用魔布拖把。因為無法直立擺放，總是不知道要放在哪裡才好？即使放在房間的角落，因為很難收納，看起來就是亂亂的，而且一不小心就會倒掉。我已經儘可能選擇可以見客、有設計感的樣式了……。

讓魔布拖把等打掃用具直立靠牆擺放的話，會顯得相當雜亂且充滿生活氣息。
只要使用掛鉤將其掛在牆壁上，不但看起來有整理過的感覺，還可以防止絆倒。

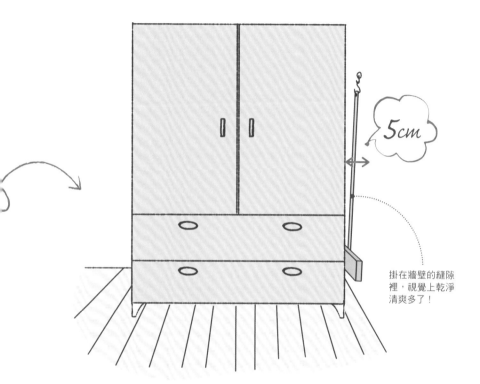

5cm

掛在牆壁的縫隙
裡，視覺上乾淨
清爽多了！

After

容易絆倒的打掃用具，
就用鉤子掛在牆上。

　　魔布拖把或掃把等打掃用具，只要用鉤
子掛在牆上，不但可以防止絆倒，視覺上
也乾淨清爽多了。掃把若是和有設計感的
畚箕懸掛在一起，想用就馬上可以用，相
當方便。單獨倚靠著牆壁、看起來隨時會
倒的用具，只要好好地固定在牆上，空間
就會有整理過的清爽感。

case 12　洗臉台上亂七八糟的刷牙用品，只要離開台面5cm，空間馬上乾淨清爽！

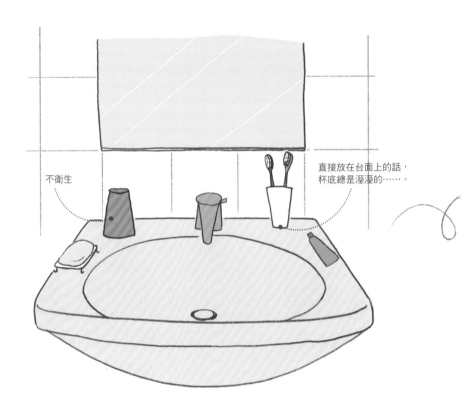

不衛生

直接放在台面上的話，杯底總是溼溼的……。

Before

實在很想好好整理一下散落在洗臉台周圍的用品……。

　　由於洗臉台周圍沒有收納的空間，所以東西總是容易丟得到處都是。有洗臉香皂、保養用品、漱口杯、牙刷、牙膏等等。洗臉時濺出的水、堆積在角落的灰塵，東西太多了整理起來好費時。對於這樣的洗臉台，該怎麼讓它多少看起來乾淨整潔一點呢？

牙刷、漱口杯、香皂等等盥洗用品可使用吸盤固定在磁磚牆面上。
空間變整潔之後，就會讓你勤於清理、維持整潔了！

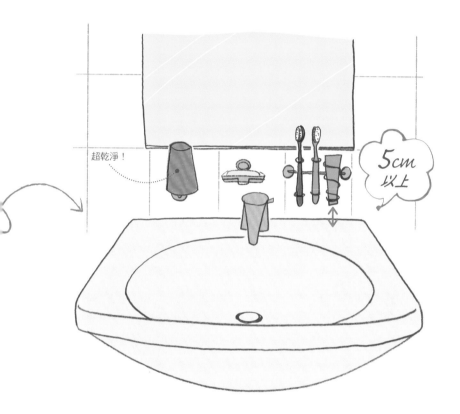

超乾淨！

5cm
以上

After

牙刷套組可固定在磁磚上。

　　牙刷和漱口杯可用吸盤固定在鏡面或者磁磚牆面上。漱口杯可使用吸盤倒掛在上面，香皂也使用吸盤吸附在鏡面或磁磚牆面上的話，便能去除水漬維持台面清潔。只要不讓瑣碎的盥洗用品佔滿台面，便能空出許多空間，擦拭起來也方便。

case 13

在托盤裝上5cm的腳，
搖身一變成為優雅的小餐桌

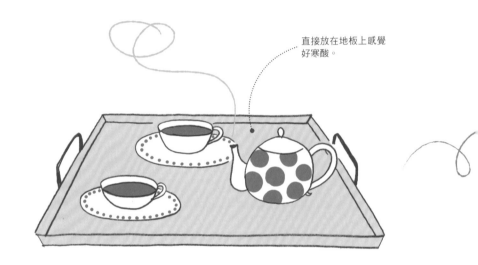

直接放在地板上感覺好寒酸。

▶■◀

Before

因為沒有小餐桌，
所以客人來訪時，直接就把
托盤放在地板上⋯⋯

實在不怎麼寬敞的客廳實例。不想擺放小餐桌或咖啡桌，希望這樣多少可以空出更多的空間。於是客人來訪時，只好把茶和蛋糕等點心放在托盤裡，並且直接放在地板上。雖然覺得這樣就可以了，不過真想要有一點優雅的感覺呢⋯⋯。

幫喜歡的托盤加上5cm的腳，變身成迷你小餐桌吧！只要離地板5cm就能營造出優雅的氣氛。品茶時光也變得舒適起來了。

加上腳之後，為品茶時光帶來優雅的氣氛。

5cm

After

幫托盤加上腳，
變身成小餐桌。

　　幫較大的托盤加上5cm高的腳吧！為自然色調的托盤加上合適的原木切片製的腳，可以在居家裝飾購物中心購買，以木工用黏膠接著便可完成。圓盤狀的可營造出亞洲風格，方盤狀的可營造出現代風格。加上腳之後即使直接放在地板上，也能提升優雅度。平常喝的茶也感覺更好喝了。

直立靠牆擺放的傘，請掛在牆壁上。
離地板5cm、離牆面5cm的收納法！

case
14

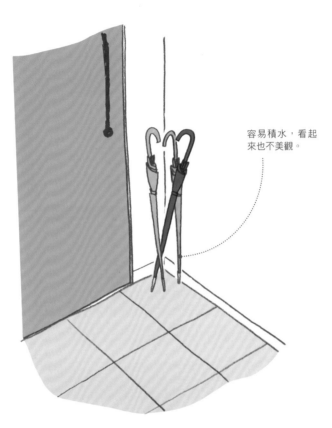

容易積水，看起
來也不美觀。

◀▣▶

Before

不將傘直立擺放，
那該怎麼整齊擺放呢？

玄關空間過於狹小，無法讓傘直立擺放
是常有的問題。若是將傘直立靠牆擺放的
話，不但很礙事還容易弄倒。掛在鞋櫃上
也很妨礙開關門，真是令人困擾……。

減少雨傘的數量也是一個重點，不過若
是可以不用讓傘直立擺放，還有方法能有
效收納的話，真想實踐看看！

對於不知道要收在哪裡的傘，在牆面裝上掛毛巾的毛巾桿來收納吧！
掛上去、拿下來都方便，有效利用玄關內的空間。

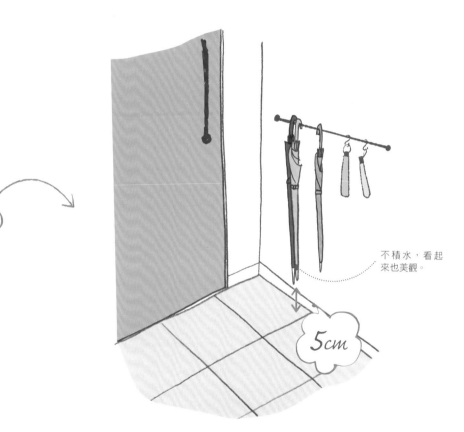

不積水，看起來也美觀。

5cm

After

使用毛巾桿或伸縮桿
收納傘具。

　　不知道傘具要放哪兒的話，請在玄關的門上裝置毛巾圈或在牆面裝置毛巾桿，讓傘具掛在上面來收納。毛巾圈或毛巾桿只要離牆面5cm即可。讓傘具離地面5cm，空間就會變得乾淨又整潔。

將 5 cm 的空間
發揮到極致！

只要5cm。這對生活空間而言，其所佔的面積非常地小。

然而，它所能夠發揮的功能遠遠超出想像之外。

例如廚房或洗臉台只要寬度5cm，而能放個架子的話，就能擺放調

味料的罐子和保養用品的瓶子。

冰箱的側面、櫃子的側面、門的表面、衣櫥的裡面，請尋找可利用

的小空間，有效地使用它吧！

並不是隨便把東西都塞進空出來的縫隙小空間裡就好，而是要好好

整理，若是能好好掌控美麗的空間，即使只有5cm也能發揮出最大

的功效！

沒有架子的廁所裡，就使用伸縮棒。
以落差5cm的方式製作簡易架子

Case 15

廁所衛生紙放在袋子裡直接放在地上。不但不美觀，打掃時也很礙事。

Before

對於沒有收納空間的廁所，
衛生紙和生理用品要放哪裡呢？

　對於沒有收納架子的廁所，只能將備用的衛生紙、面紙、小物收納盒等等用品放在地上，但打掃的時候真的很不方便。最後只好把需要的物品都放在洗臉台上，實在很不方便。真想要有能放這些備用衛生紙、衛生用品的收納空間啊！

對於沒有收納架子的廁所，請在手搆得到的高度裝上伸縮棒，
設置出新的收納空間。

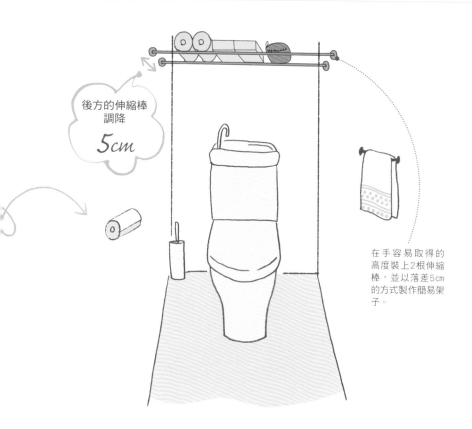

後方的伸縮棒
調降
5cm

在手容易取得的
高度裝上2根伸縮
棒，並以落差5cm
的方式製作簡易架
子。

▶️◀️
After
對於空間較小的廁所，
就使用伸縮棒輕鬆製作收納空間

　想在廁所裡搭架子，用2根伸縮棒就可
以了！以落差5cm的方式裝上2根伸縮棒，
就能放置衛生紙和面紙盒。衛生紙從袋子
拿出來後一個一個依序擺放。只要裝在站
起來手就能拿到的高度就很方便取得。還
可以在這2根伸縮棒上放個盒子收納更多
東西。

Case 16 有效利用矮櫃側面的5cm空間，當作包包的暫放場所

Before

每次一看到丟在地上的包包，
就覺得好煩燥。

　　每次一回到家就把包包丟在地上。幾天之後那裡就變成包包的堆積場所。對於幾乎每天都會用到的包包，一一歸位也挺麻煩的。通常不是丟在沙發上、掛在椅背上就是扔在玄關門口。真想要規劃出一個固定放置的地方啊⋯⋯。

配合回家後的動線，在家具的側面設置一個掛包包的地方。配合動線來設置擺放場所不但不會浪費空間，物品也會隨時都是整理好的樣子。

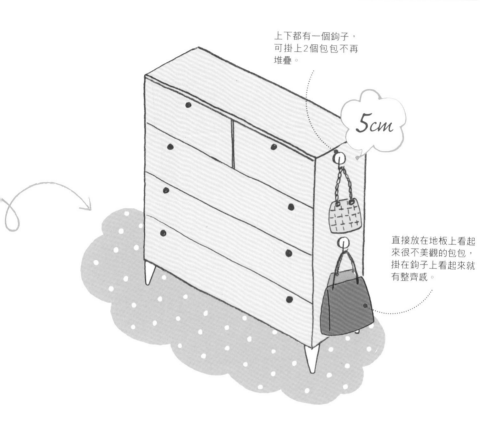

上下都有一個鉤子，可掛上2個包包不再堆疊。

5cm

直接放在地板上看起來很不美觀的包包，掛在鉤子上看起來就有整齊感。

After

回家後，包包就固定掛在這裡。利用家具的側面打造專屬空間。

配合生活動線在客廳的矮櫃或櫃子等等家具的側面，找出5cm的空間。在一伸手就可以掛上去的位置裝上2個鉤子，其空間若適合包包懸掛，那裡便是固定放包包的位置。回家的時候就順手把包包掛在這裡吧！

Case 17

利用冰箱側面5cm的空間，
活用購物袋收納法

▶◀

Before

多到亂七八糟的塑膠袋，
該怎麼整齊收納呢？

一下子就爆滿的塑膠袋。不過若是沒有這些塑膠袋，就不能倒廚餘了。比起丟掉更想留著備用。收進塑膠製的購物袋、放進專用的夾架，嘗試了各式各樣的收納方法，最後還是塞進架子的縫隙……。有沒有不礙眼的塑膠袋收納空間呢？

塑膠袋等等形狀大小不一的東西，就收進漂亮的購物袋裡吧！如果不知道該放在哪裡，就請放在不顯眼的冰箱側面5cm的空間。

塑膠袋可以使用購物袋來收納。

5cm

After

利用冰箱側面空出來的空間，
掛上購物袋來收納。

冰箱的側面是否有5cm的空間呢？若是緊鄰著櫥櫃的話，請往旁邊移動5cm製造出縫隙，在冰箱側面使用磁鐵掛鉤掛上購物袋，就可以把塑膠袋收納在裡面。可使用多個磁鐵掛鉤與購物袋，依序收納不同大小的塑膠袋。

離牆面5cm裝置伸縮棒，
將沐浴用品懸掛收納

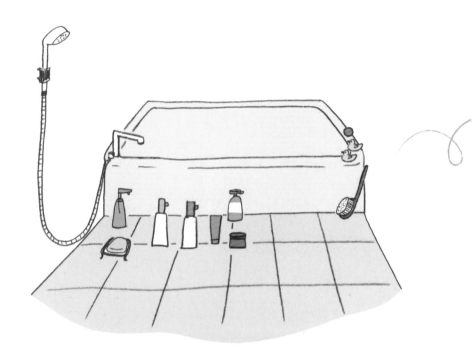

Before

洗髮乳或沐浴乳等等沐浴用品
放得亂七八糟。

　　在原本就很狹小的浴室空間裡，放滿了不論是形狀大小、顏色、種類都不一致的洗髮精瓶子、洗面乳軟管類、香皂盒等等沐浴用品，當然會有雜亂的感覺。再加上沒有固定放置這些東西的地方，只好用收納籃裝起來放在地上，反而讓洗澡的空間變更小。對於這種狹小的浴室，有沒有什麼收納的好方法呢？

浴室裡容易散亂一地的沐浴用品，就用浴缸置物架或伸縮棒來收納。將洗髮精或香皂類收納在浴缸置物架裡，不但不積水也能防止水垢產生。

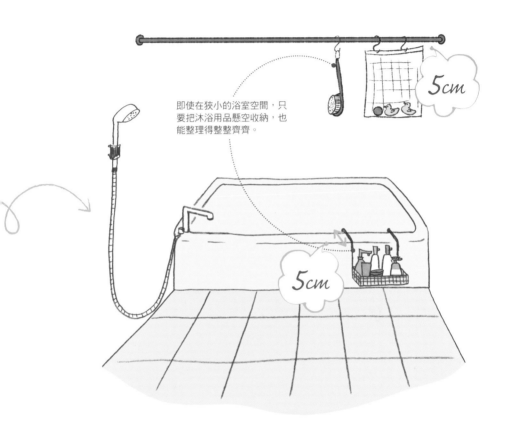

即使在狹小的浴室空間，只要把沐浴用品懸空收納，也能整理得整整齊齊。

5cm

5cm

After

使用收納架或伸縮棒
來收納瓶瓶罐罐。

　　沒有放置的空間就幫它製造一個空間。可掛在浴缸的邊緣的收納架可以不用放在地上，就不會產生水垢或髒污，可維持乾淨。另外，離牆面5cm裝置伸縮棒也很理想。S型掛鉤可掛上塑膠籃子或可吊掛的洗衣袋，將沐浴用品收納在其中。

Case
19

利用5cm的縫隙＋便利用品，
創造出扁平式包包的收納空間

Before

一直不斷增加的包包，
不知道該收在哪裡才好？

等到發現的時候，包包已經暴增。即使放入衣櫥一個個直立擺放，不是倒塌就是容易摺到，實在難以收納。將小包包放進大包包裡的收納方式的確不錯，不過增加的速度太快，一下子就放不下了。因為是很珍愛的包包，有沒有能夠一個一個好好地收納保存的方法呢？

請利用衣櫥裡衣架桿子上方的微小空間。在此裝置2根伸縮棒，便可以收納較扁平的托特包或公事包。

較扁平的物品，只要微小的空間便足以收納。

After

在衣架桿子上方裝置2根伸縮棒，創造出5cm的縫隙空間。

雖然每種衣櫥的類型可能不太一樣，不過若是衣架桿子上方有10cm左右的空間，請務必好好利用。只要裝置2根伸縮棒，便能將包包收納於此。較扁平的托特包或公事包，只要5cm左右便足以收納。

Case 20
利用比餐桌矮5cm的推車，成為新的收納場所

還要看的書、寫了一半的家計簿或文件相當凌亂。

Before

書寫用品、雜誌等等，
希望能有暫時擺放的地方。

餐桌除了用餐之外，也經常被用來做其他事情。像是寫寫東西、看看雜誌或者製作自己有興趣的東西。一但到了用餐時間，就不得不趕緊收拾，準備餐點的配置。這些容易造成凌亂的物品，有沒有一下子就能收納在餐桌附近的好方法呢？

在餐桌的下方放一個推車，就能快速把興趣或工作上的物品收納乾淨。
由於附有輪子所以可以輕鬆移動，上頭還可以放一些書。

利用可以溜進餐
桌底下的推車來
收納整理。

5cm

After

一般標準的餐桌高度
大約75cm左右。

　請準備一個比餐桌矮5cm，可以放在底下、有抽屜的推車吧！推車的上頭可以放書、抽屜裡可以放家計簿，可利用的空間更多了！由於附有輪子所以可以輕鬆移動，打掃起來也不費力。

53

利用門後掛鉤來收納浴巾或浴袍

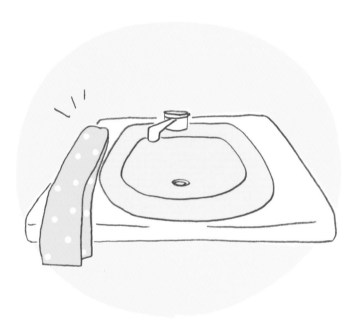

Before

洗臉台沒有毛巾架，
浴巾沒地方掛。

洗臉的地方無法裝置可以掛大條浴巾的毛巾架。礙於牆壁的材質或空間無法裝置毛巾架，不知道浴巾到底要掛在哪裡實在很困擾。把浴巾對摺後掛在衣架上或者掛在洗衣機周圍的鉤子，不過這樣實在很難晾乾……。

可以設置在門上的門後掛鉤,不佔空間超好用!不論是毛巾、浴袍或者是脫下來的衣服,都可以掛在掛鉤上,有效節省空間。

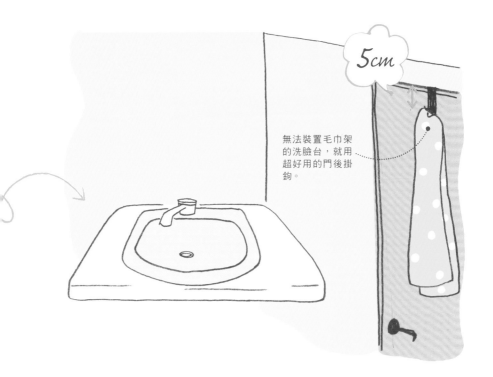

5cm

無法裝置毛巾架的洗臉台,就用超好用的門後掛鉤。

After

即使是大條浴巾也OK!
超好用的門後掛鉤。

推薦您使用門後掛鉤。種類有樸實款、復古款、古典款都有,可根據室內風格做搭配選擇。而且門後5cm並不會妨礙空間,不但能掛大條的浴巾或浴袍,連稍重的東西也能吊掛,非常好用!

利用高度5㎝的掛架，
收納餐具組和桌墊

看書或寫作業的時候，餐具組實在很礙事。

Before

當作業到一個段落時，
真想要有個可以
先收納起來的地方。

　　把餐桌用來寫信、寫家計簿或者製作有興趣的東西實在很方便。不過總是放在餐桌上的餐具組和桌墊真的很礙事。雖然很不想跟用餐時會用到的東西混在一起，但是一一收拾也很麻煩……。

請把碗盤櫥櫃或流理台的超好用掛架，裝置在餐桌下。
一下子就可以把餐桌上的餐具組或桌巾收納起來。

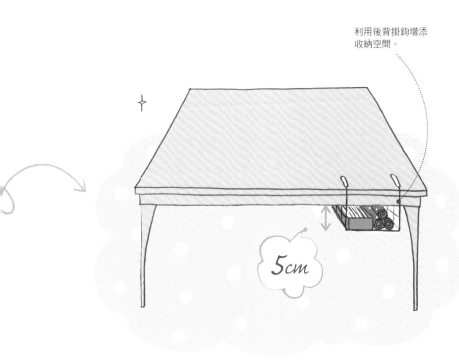

利用後背掛鉤增添
收納空間。

5cm

◄►►◄

After

東西馬上就可收拾乾淨，
背後掛鉤的機能性。

這個時候請利用背後掛鉤。由於這是可以裝置在餐桌桌面的類型，需要的時候馬上可以裝上去。用餐時所使用的餐具組、桌墊、紙巾、筷架等等都可以收納，非常好用！不需要的時候也很容易拆卸。

利用喜歡的椅子，變成床頭櫃

　　為了能夠好好地放鬆身心靈，希望寢室裡盡量不要亂放東西，維持乾淨整潔。話雖如此，除了手錶、眼鏡等等必需品以外，還有CD、衣服、絨毛玩具、雜誌、飾品等等一堆想放的東西。有沒有什麼方法可以好好地收納這些東西呢？

利用椅面足以放置眼鏡、鬧鐘等等小物品的椅子，代替床頭櫃來使用，東西就不會散亂一地，床邊週圍也會變得乾淨整潔。

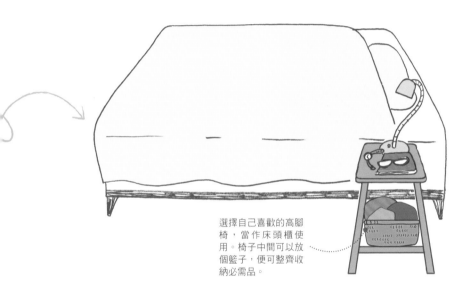

選擇自己喜歡的高腳椅，當作床頭櫃使用。椅子中間可以放個籃子，便可整齊收納必需品。

After

利用有設計感的椅子，
當作床頭櫃使用。

選擇自己喜歡的椅子放在床邊，當作床頭櫃使用。椅面上放置手錶、手機、眼鏡等等必需品，而椅子中間可以放個籃子，把床邊週圍的雜物統一收納起來，枕頭周邊就能乾乾淨淨。順帶一提，若是在玄關門口放個椅子，回家的時候就可以順手放置包包，非常方便！

Case 24

調整書架的隔板，上下各縮5cm，放置文件收納盒

Before

手冊或說明書等等文件，
容易在書櫃裡被擠得綯巴巴的。

在爆滿的書架裡，放著許多文件類或印刷品。只是影印裝訂的文件、手冊、放入信封袋的說明書等等，總是夾在書籍或寫真集裡，不是綯掉就是摺到。希望能有個空間可以收納這些一但不需要了，順手就可以拿出來處裡掉的文件。

原本只能塞進書與書之間的手冊或信封袋內的文件，現在只要在書架裡隔出一層新的空間，再放入塑膠製或金屬製的收納盒來收納即可。

5cm

原本夾在厚重書籍裡的手冊，現在只要放入收納盒裡就能整齊收納。

After
在書櫃裡再隔出一層高度較矮的空間，將印刷品都收納在收納盒裡。

　　調整書架的隔板，上下各縮5cm，隔出一層新的空間，並在此放入高約5cm左右的收納盒。把原本塞在書架縫隙裡的紙張類、小東西等等物品收納起來。當然每個書架的寬度會有所不同，但若能放入3個A4大小的收納盒，收納力便能大大提升！

Case 25

在壁櫥裡簡單增設一個收納架子吧！

▶◼◀

Before

想要有效地利用容易產生
多餘空間的壁櫥。

關於衣櫥的格局，明明有足夠的高度，卻都只做2～3層。然而第一層通常做得比較高。若是沒有許多厚重的棉被需要收納的話，就算把衣物整理箱或壁櫥用收納籃放進去，還是有許多的空間。實在很想有效利用這些多出來的空間。不過也不想因此不通風……。

請在壁櫥收納箱的上方，設置2根高度5cm的伸縮棒。使用2根伸縮棒不會不通風，也利於收納管狀物或捲筒海報等物品。

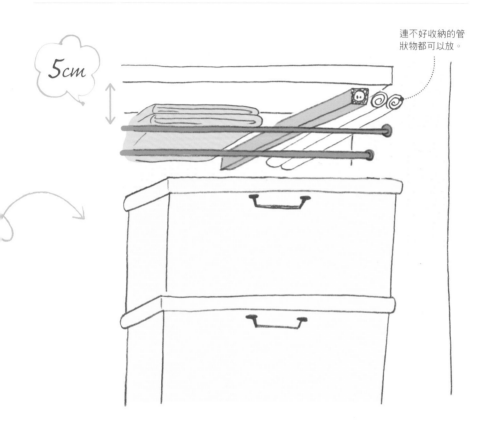

5cm

連不好收納的管狀物都可以放。

After

在壁櫥裡的多餘空間，
使用伸縮棒增設一個收納架子。

　　壁櫥上方若有多餘的空間，請在由上往下約5cm處，使用2根伸縮棒增設一個空中的收納場所。對於不知道該放哪裡的細長物品或輕薄物品而言，是最合適的收納地點。因為是伸縮棒的關係，也不用擔心不通風。

Case 26

請使用厚度約5cm左右的牆面 收納袋，來收納美妝保養用品

Before

空間狹小的洗臉台，
不知道化妝用品該放在哪裡或
如何收納，實在很煩惱。

是不是許多人都習慣在洗臉的地方化妝呢？不只是化妝，整理頭髮的時候果然還是大一點的鏡子比較好吧？話雖如此，洗臉台上總是放滿了保養品、美妝用品、化妝用具和頭髮的保養品。化妝的時候把這些東西放在這裡，化妝完畢又要一一整理收納，實在很辛苦。

在牆壁上設置一個牆面收納袋，就能把美妝品和保養用品都收納起來。
即使在化妝台化妝的時候，也能順手拿、順手收。

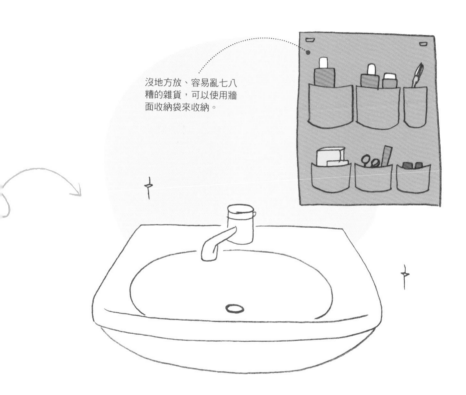

沒地方放、容易亂七八
糟的雜貨，可以使用牆
面收納袋來收納。

After

保養用品或化妝用具
可以收納在牆面收納袋中。

　　每天都會用到的美妝用品、保養用品和
化妝用品等等，請使用厚度約5cm左右的
牆面收納袋來收納。設置在洗臉台周邊的
話，化妝的時候順手就可拿到、使用完畢
後也能順手放回去。不需要再讓化妝用品
擴散在狹小的洗臉台上。去其他房間化妝
的時候，只要將收納袋整個搬走就可以
了。

利用衣櫥的5cm縫隙，收納小東西

Before

被衣服埋沒的小東西或
季節用品總是找不到。

季節性的小東西容易被埋沒在衣櫥裡。即使把手套等等物品放入抽屜裡，還是會被其他東西遮蓋，一但要用的時候找都找不到。從外套上拿下來的毛皮帽子或針織帽也總是不知在哪裡。真希望衣櫥可以更有機能性……。

請在衣櫥的門內或衣架上，掛上收納袋。如此一來，拿下來的帽子、手套、圍巾類等等物品，便能一目瞭然地收納整齊。

在門內掛上收納袋，小東西一目瞭然超好用！

in

無法掛在門內的話，就用衣架掛著放在最裡面。

After

有效利用門內5cm
的深度空間。

　　請在衣櫥的門內掛上收納袋，把手套等季節性小物或飾品收納在裡面。當要使用這些小東西的時候，馬上就可以拿出來用。對於手套或針織帽等物品，使用洗衣袋來收納也很方便。若是摺疊式的門，就用衣架掛在最裡面，有效利用死角空間。

Case
28

在電視櫃的下方5cm處，
製作一個放DVD或CD的專屬空間

▶◼◀

Before
總是散亂在地板上的DVD，
真希望電視周圍
能乾淨整齊一點。

　　看完這片又看那片，一不小心電視周圍就放了一堆DVD。而且不知不覺當中，地板上就堆積如山、散亂一地。DVD的外盒也就那樣扔在地上。收納籃若是放在離螢幕稍微遠一點的位置，就會變成這樣。真希望電視周圍能乾淨整齊一點。

看完的DVD，請收納在電視檯或電視櫃下方吧！選用離上方約5cm左右距離的附輪平台，不但容易進出，打掃時也很方便。

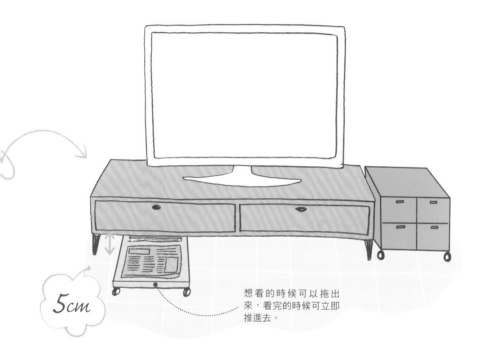

5cm

想看的時候可以拖出來，看完的時候可立即推進去。

After
DVD可以使用附輪的
箱子來收納，不但容易進出，
打掃時也很方便。

選用附輪的箱子或小推車，當要觀賞DVD的時候立刻可以拖來手邊。唱片類的物品方便拿取，收納也簡單。電視檯下方若還有空間的話，只要準備一個離上方約5cm左右距離的附輪平台，就能收納雜誌或報紙，想看的時候再拖出來。

5 cm，改變尺寸

在每天的生活當中，雖然稍微感到不方便，但也不會去管它。

像是塞滿了衣服的衣櫥、或者是每次把門打開的時候，東西就像雪崩一樣崩塌下來的櫃子。

因為鞋子硬塞硬擠，使得鞋櫃的門差點打不開。

或者是塞到完全沒空隙、書還是滿出來的書架。

這樣的話，就請改變壁櫥或書架的使用方式吧！

到目前為止，只用1排來收納的東西，只要再增加1排，改用2排來收納就可以了。

2排並列的時候，前排要比後排矮個5cm，這樣後排的東西就一目瞭然。

只要活用5cm的空間或高度，就能更有效地使用這些空間。

Case 29 使用前後2排的方式來收納書籍！
後排要墊高5cm

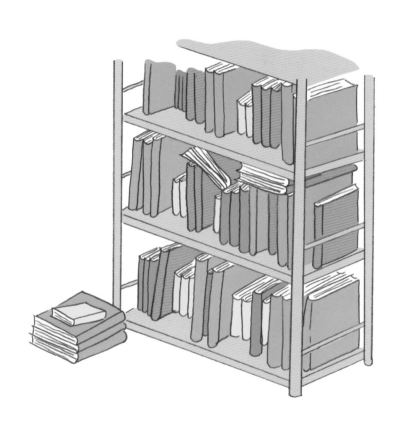

▶❙❙◀
Before
等到發現的時候，
已經堆積如山。
多到連書架都放不進去了。

就連並列的書籍上方那微小的空間，也有其他的書橫放塞入。由於塞得太緊，每當要拿其中一本書的時候，其他的書也會跟著崩落！無法收進書架的書就那樣堆放在地板上。雖然已經儘可能地把不需要的書拿去資源回收了，但是想要看的書該怎麼辦呢？

將書籍分成2排來收納的時候，裡頭後排的書要用其他的書來墊高。如此一來，變成比以前多出2倍的收納空間。

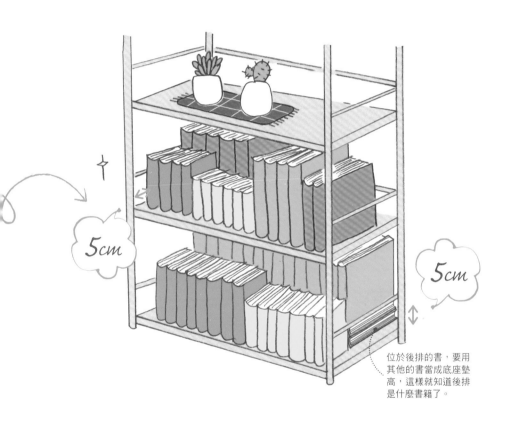

5cm

5cm

位於後排的書，要用
其他的書當成底座墊
高，這樣就知道後排
是什麼書籍了。

After

利用內部的空間，
將書籍分成2排。
後排的書要墊高5cm！

　　幾乎每個書架的內部空間都相當足夠，因此可以將書分成2排來收納。這個時候，將後排的書墊高5cm是重點。不太會再看的書就放到後排，因為有墊高，所以也能清楚看到書名。只要靈活運用內部空間，位於後排的書也能一目瞭然，收納力就能提高2倍！

將鞋櫃的隔板各縮5㎝，
新增加一層

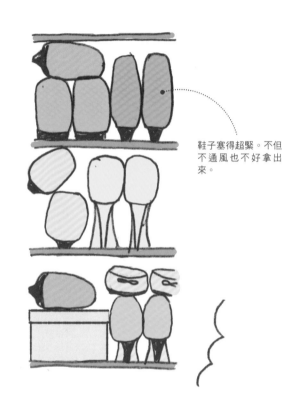

鞋子塞得超緊。不但
不通風也不好拿出
來。

Before

從鞋櫃多到爆出來到地板上的
鞋子，每天不斷增加中。

　　每季都會增加的鞋子。鞋櫃明明已經滿
到不能再滿了，還是硬要塞進狹小的縫隙
中。不但找不到要穿的鞋子，連門也曾經
塞到打不開。只要一打開鞋櫃的門就會聞
到一股悶臭味和霉味，然後爆滿的鞋子都
掉出來在地板上。實在不想把鞋子扔掉，
有沒有什麼辦法可以解決呢？

將鞋櫃的間隔各縮5cm，增添一片新隔板創造出新的空間。
若是使用2根伸縮棒，除了幫助通風之外，也能收納拖鞋。

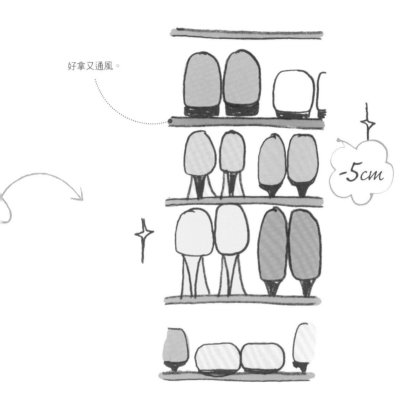

好拿又通風。

-5cm

After

使用2根伸縮棒來為
鞋櫃增添新隔板。

　　鞋櫃內的隔間是不是高得有點浪費空間呢？請配合鞋子的高度調降5cm，增添一片新隔板吧！雖說是隔板，也可以使用2根伸縮棒來代替喔！拖鞋、包鞋或者擦鞋用品也可以放入盒子裡收納。使用伸縮棒的特點就是通風性絕佳！

Case
31
將隔板提高5cm，
打造長靴收納空間

Before

長靴或雨靴無法收進
鞋櫃裡。

　鞋櫃內的層板間隔過於狹小，長靴或雨靴無法直立擺放，最後只好平放擺著。為了不破壞靴型，連鞋撐也放進去了，不過一但平放還是會歪斜，連雨鞋也出現奇怪的縐褶，實在很擔心……。

拿掉鞋櫃裡的一片隔板，打造出可以直立擺放靴子的空間。
靴子旁邊可以放置ㄇ字型的小架子，有效利用空間。

只要將層板提高5cm，
就能有效利用空間。

5cm

　　不知道該如何收納的靴子，請移動鞋櫃的層板約5cm左右、或者拿掉一片層板，讓靴子擁有可以直立收納的空間。靴子旁邊空出來的地方可放置幾個可以重疊的ㄇ字型的小架子，就能夠收納包鞋或高跟鞋。減少層板也能幫助通風。

調降櫥櫃的層板，
確保高度有效利用空間

Before

櫥櫃內放滿一堆餐具，
要拿的時候總是很辛苦。

在不知不覺當中越來越多的餐具。即使
已經處理掉不需要的餐具、也將部份餐具
移到其他地方收納，但櫥櫃內還是放滿一
堆餐具。把盤子疊到無法再疊，要拿的時
候超難拿，保溫瓶不橫放的話也收不進去
更佔空間。而且容易滾出來超難取用。
真希望櫥櫃裡能有更寬裕的空間可以使
用……。

將層板的高度調降5cm並活用資料收納盒。將餐具直立收納擺放，不但整齊劃一也很好取用。

把層板
調降
5cm

把盤子直立收納在資料
收納盒裡，超整齊！

After

堆疊的盤子，就用資料收納盒
來直立收納擺放吧！

　　調整櫥櫃的間隔，確保所需高度後再調降5cm，總是無限堆疊變得很難取用的餐具，使用資料收納盒直立來收納擺放的話，就能順利取用。就連原本因為高度太高而放不進去的保溫瓶，也可以直立收納擺放了。其他也可以利用掛架或ㄇ字型的小架子，有效地活用空間。

Case 33 廚房的流理台要是太低，就請好好地活用5cm高的推車

櫥具太低容易
腰痠背痛……。

▶Ⅱ◀

Before

廚具太低的話，做菜或清洗物品
的時候相當辛苦。

　從備料、炊煮到清洗物品，廚房的工作幾乎離不開流理台或料理台。若廚具的高度不符合自己的身高比例的話，就必須一直彎腰駝背度過漫長的時間。這對身體實在是一個很大的負擔。搬到新家的時候，若是發現系統廚具的高度太低，該怎麼辦呢？

系統廚具的高度太低的話，請選用輪高5cm的小推車來代替調理台。
砧板也可以換成有腳座的類型。

把小推車當作調理台；把砧板換成有腳座的類型。提高5cm不用彎腰駝背。

After

使用提高5cm的小推車和有腳座的砧板來調理吧！

　　最理想的流理台高度是身高÷2+5cm。身高160cm的人，理想的高度為85cm。比這個高度還低的話，身體會很吃力。請務必將此公式謹記在心。要是流理台的高度太低的話，請將小推車當作調理台，並選用高度適中、附有腳座的砧板。

Case 34
請將每個衣架往旁邊挪動5㎝，
讓衣服間的距離擁有更寬敞的間隔

衣櫥裡的衣服塞得超緊。既沉重又難找。

Before

衣櫥裡的衣服塞得超緊，
動也動不了。

想在衣櫥裡找出合適的衣服，不過因為塞得太緊，每次找衣服都很辛苦。衣服總是會容易胡亂硬塞，要找的時候不但難找又難拿，硬拉硬扯的結果就是讓衣服變得縐巴巴的。

衣架與衣架之間的距離要間隔5㎝，必須維持讓手臂可以輕鬆穿過的寬度。
每件衣服的方向要統一，改用較扁平的衣架就能減少衣服的份量。

間隔5㎝讓手臂可以
伸進去，輕鬆就可挪
開衣服。

After
把該吊掛的衣服和需摺疊
的衣服分開來放，衣架與衣架
之間的距離要間隔5㎝。

　　對於並列吊掛在衣桿上的衣服，請彼此
間隔5㎝讓手臂可以伸進去，這樣不但比
較好挪動，找衣服或拿衣服的時候也會比
較順暢。首先先確認哪些衣服需要吊掛；
那些衣服需要摺疊收納。像是過季的針織
類、長袖衣就可以摺好放進箱子收納。

在壁櫥裡設置2根伸縮棒，
前排的伸縮棒要比後排低個5㎝

利用內部空間設置並
排了2根伸縮棒，但
是這樣就看不到後排
的衣服。

Before

雖然在壁櫥裡並排2列收納，
但看不到後排的衣服……。

房間裡根本沒地方可以掛衣服，能利用
的空間只有壁櫥。因此在壁櫥裡裝置2根
伸縮棒，打算當成衣櫥來使用。由於壁櫥
的內部深度很深，因此就把2根伸縮棒一
前一後並列設置。結果這樣根本看不到後
排的衣服！每次都要整個人鑽進去找，真
的很不方便。

壁櫥內若要裝置2列伸縮棒的話，請改變前排的高度，讓後排的衣服可以被看見。
請挑選出經常會穿到的衣服，把它們掛在前排吧！

前後排的伸縮棒高度
若不一樣，就能清楚
看見後排的衣服。

5cm

After

調整前後排的伸縮棒高度，
就看得到後排的衣服了。

　　壁櫥的上層空間裡，裝置在後排的伸縮
棒只要調高5cm就可以了。只要調整伸縮
棒的高度，就能確認後排的衣服。請將過
季的衣服掛在後排，衣服的長度也盡量統
一，便可把收納箱放在底下，有效利用空
間。

Case
36

平常用來放內褲的抽屜，
請改用5cm高的就好

20cm

▐◄►▌

Before

壁櫥裡的衣服收納箱抽屜，
內褲總是很難找。

　　在抽屜裡的內褲或襪子，總是容易被擠
到別的地方，相當難找。即使好好地整理
過了，每當翻找東西或放進洗好的衣服時
就又亂了。不知不覺中又變回亂糟糟的狀
態。就算使用小收納盒分開放，結果別件
內衣褲又會堆到上面來……。有沒有什麼
方法可以保持抽屜的整齊呢？

太深的抽屜不適合用來放內褲。高度大約15cm左右的抽屜最適合收納單薄的衣物。
請根據衣服的特性改變抽屜的高度，讓衣物變得更好整理。

15cm

-5cm

請留意抽屜的高度、
深度要5cm！

After

內褲請摺成小小的一件，
收納在較淺的抽屜裡。

　　抽屜要是太深，內褲總是不知道被擠到
哪裡去。較深的抽屜請用來放置襯衫或毛
衣，內褲的話就請放在深度5cm左右的抽
屜裡吧！把內褲和小可愛對摺或摺三摺，
收納在較淺的抽屜裡剛剛好。

Case 37 使用5cm高的收納盒，就看得到裡頭裝什麼食品

Before

有沒有什麼好方法可以清楚知道
冰箱的哪裡放什麼東西？

　　每層的空間又大又深的冰箱，需要冷藏
的食品一但放入上層的裡面就看不到了，

　　所以使用收納盒或收納籃來收納。雖然
如此，東西還是經常放到過期才發現。有
沒有什麼辦法可以防止庫存的罐頭、放入
保鮮盒的食材和醃製品等等食物過期呢？

使用較淺的收納盒或收納籃來收納食品的話，現在還有哪些存貨就一目暸然了。
馬上可以把不知道要放哪的東西和遺忘已久的東西清理掉。請善用器具來控管冰箱
內的食品吧！

5cm

使用較淺的收納盒，
可以清楚看到冰箱內
還有多少庫存，就不
會再亂買。

After

冰箱內的食品就用較淺的
收納盒來收納。

　　請選用高度5cm左右的收納盒或收納籃
來收納。收納的容器要是太高過深，東西
就會很容易被埋沒在底下，等到發現的時
候賞味期限就過期了。使用較淺的收納盒
來收納的話，像一袋一袋的東西或瓶瓶罐
罐只要直立放好，一看就知道現在冰箱裡
有什麼東西，也能有效控制庫存，相當方
便！

把鏡子變大5cm，
視覺上房間也會變得更寬敞

唔～

只能照到上半身，衣服也只好隨便穿搭。

Before

真希望狹小的房間也能有
寬敞的感覺……。

　　因為房間很小，根本無法體會寬敞的感覺。有時候都覺得快要窒息了。都已經儘可能地把房間整理得乾乾淨淨，也不亂放沒用的東西，甚至還配合房間的格局擺放，但果然還是覺得很狹小。真希望狹小的房間也能有寬敞的感覺……。

只要把鏡子的上下左右四邊各放大5cm，房間就會有寬敞的感覺喔！重點是可以照到被整理得乾乾淨淨的房間某一角落或植物。

5cm

利用大鏡子讓房間看起來更寬敞，衣服穿搭也更加得心應手。

After

使用鏡子魔法讓空間
看起來更寬敞。

　　請在客廳或玄關裝個鏡子吧！如果已經有了的話，請將鏡子整體放大約5cm。鏡子會讓眼睛產生錯覺，讓空間看起來更寬敞。重點是鏡子要放在房間最乾淨整齊的地方，或者是可以映照出窗外美麗景色的位置。確認儀容的時候還是大一點的鏡子可以照到全身的比較好。

Case 39 拿掉CD外盒，將CD收納在資料夾裡 厚度只有5cm，幫CD瘦身

數量這麼多，到底
該收去哪裡……。

▶◀

Before

CD多到無法收納，
整個爆出來。

　沒想到CD所佔的空間如此驚人！其實最主要的原因是在CD的外盒。1片若有1cm的話，那10片就有10cm。再加上附有DVD的2合1類型，所佔的空間就更大了。雖然可以把爆出來的CD收納在其他地方，但是真希望可以統一收在同一個地方就好……。

請把CD和封面從盒子裡拿出來，收納到資料夾裡面吧！這樣就能大幅減少空間。按照字母筆劃來排列，要找的時候也很方便。

用資料夾來收納的話，不但放得多又好找！

After

拿掉外盒收進資料夾裡，
大幅減少所佔空間。

　　請把CD從塑膠外盒裡拿出來吧！也把封面、歌詞本、小冊子一起和CD收進資料夾裡。20張CD若不拿掉外盒，就會佔掉20cm的空間，但是只要收進資料夾裡，就只需要5cm的空間就可以了！按照字母筆劃來排列的話，不僅好整理，要找的時候也很方便。

Case 40

一踏進玄關就把房間整個看光光，請利用大盆一點的觀葉植物來遮蔽

房間整個看光光……。
但若掛上門廉又很礙
事。

Before

站在玄關就可以直接看到
整個客廳，屋內整個被看光光
好害羞。

　　一打開玄關的門，緊連著的就是客廳。整個生活空間都被看光光。客人來訪之前雖然可以先整理好，不過若是臨時有訪客來，就完全沒有時間整理。亂七八糟的客廳簡直一目瞭然。即使如此，不管什麼時候都要整理得乾乾淨淨也很累，要是玄關和客廳之間能有個遮蔽物就好了……。

盡量選擇葉片大、較大株的觀葉植物來代替隔間。就算是一眼就能看光光的客廳，也能被大片綠葉擋住。

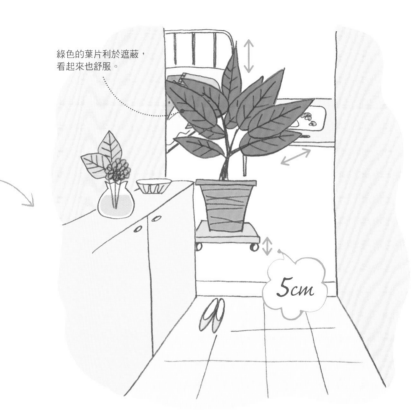

綠色的葉片利於遮蔽，看起來也舒服。

5cm

After

放置大盆一點的觀葉植物來遮蔽室內不被看光光。

請試試看放置大盆一點的觀葉植物吧！葉片大、又高大的種類可以幫助阻斷從玄關望入的視線。嬌嫩的葉片不但治癒人心、還能改變房間的氛圍。由於大型盆栽很重，可以放在有輪子的架子上，不但移動方便、也利於打掃。

擺整齊、整理好

『房間好難整理，總是搞得亂七八糟。』

雖然東西太多也是一個原因，不過東西的放置場所與放置方式也大

有問題！

放在地板上的雜誌一些丟在東邊、一些丟在西邊；梳妝台上的化妝

水、桌子上的瑣碎雜貨是不是亂無章法地擺放呢？

只要把到處亂丟的東西集中放在同一處，就會給人乾淨清爽的感覺。

重點是把東西的形狀、高度整理好，放進收納盒擺整齊就好了。

只要按照原則、重新排列的話，房間就會跟以前不一樣、變得乾淨

又整齊了。

Case 41 只要移動5cm，就能整理好！只是把東西放好、擺整齊而已

東西放得七散八落，難怪房間看起來亂糟糟。

Before

就算有突如其來的訪客，
也可以在一瞬間收拾乾淨！

　　朋友忽然來電說5分鐘後要來家裡！慌慌張張檢視了一下房間，這也搞得太亂了吧！這種狀況時常發生。DVD直接丟在地上、CD拿出一大堆還亂放。櫃子上的化妝品亂擺一通，簡直亂到極致。有沒有一瞬間就能收拾乾淨的魔法技巧呢？

只要把雜誌或DVD『整理好、擺整齊』，房間就像特別收拾過一樣。按照高矮順序把化妝品的瓶瓶罐罐排好，空間看起來就會乾淨清爽。

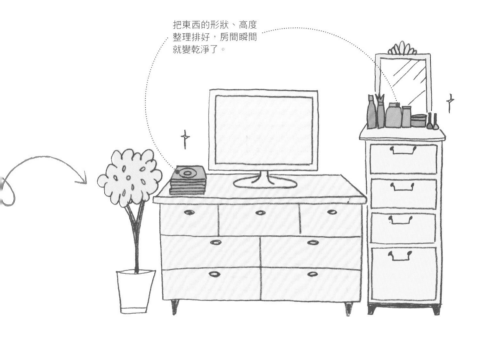

把東西的形狀、高度整理排好，房間瞬間就變乾淨了。

After

把東西整理排好，
整個房間就像特別收拾過一樣。

　　一瞬間就把房間收拾乾淨的秘訣是，注意直線和直角，把散亂的東西集中起來，把東西的形狀整理排好就可以了。DVD可以堆疊放好、其他東西就依形狀整理排好、化妝品的瓶瓶罐罐也只要按照高矮順序排好，這樣房間就會跟以前不一樣、變得乾淨又整齊了。

Case 42

散亂的雜貨請收進箱子裡，讓陽台的空間變得乾淨又清爽

陽台變得跟儲藏室沒兩樣。

▶️◀️

Before

有沒有什麼方法可以不要讓陽台變得跟儲藏室一樣嗎？

一望向陽台，就會發現那裡放滿了盆栽、肥料、腐葉土、鏟子等園藝用品。另外還有掃把、畚箕、陽台專用拖鞋、曬衣服的相關用品等等一大堆雜物。陽台可不是儲藏室，真希望陽台可以成為客廳的延伸空間，讓它變得乾淨清爽一點……。

請把凌亂的園藝用品和打掃用具收納在箱子裡。推薦使用彩色的塑膠整理箱。
附有輪子的整理箱，要打掃也方便。

可以使用整理箱或
漂亮的收納藍，乾
淨又清爽。

5cm

5cm

After

請把容易散亂一地物品，
收納在附有輪子的整理箱裡。

　　把用不到的東西集中收納在大型的整理
箱中吧！選擇彩色、又時尚的整理箱，讓
陽台變得有格調。附有輪子的整理箱不但
移動方便、也利於打掃。鋪上高度5cm左
右的地板巧拼，順利連接起陽台與客廳的
空間。

Case 43

利用有統一感的收納箱，讓洗衣空間變得更乾淨俐落

清潔劑、衣架、毛巾、打掃用具。洗衣服的地方好難整理。

Before

洗衣機周圍好凌亂，有沒有什麼可以漂亮收納的方法？

清潔劑、柔軟精、漂白水、衣架，不管哪一種都是色彩豐富、自我特色強的物品。這些東西就亂堆在洗衣機周圍。總之就是在洗衣機旁邊放個小籃子、再把各種清潔劑放到架子上，但這樣就顯得沒什麼格調。有沒有什麼方法可以讓洗衣空間變得更乾淨俐落呢？

要整理洗衣機周圍的環境,選用顏色、材質統一的容器來收納眾多的清潔劑是重點。只要使用收納層架把東西都放好,就會讓生活更有品質。

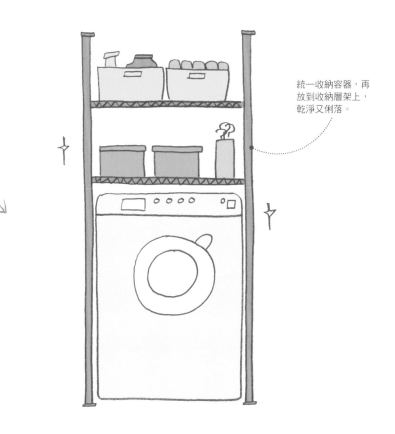

統一收納容器,再放到收納層架上,乾淨又俐落。

After

使用收納層架,統一收納容器的顏色和材質。

　　請使用有層板的收納層架。若是喜歡自然風,可以選用木頭材質。把清潔劑和衣架放入天然材質的籃子或塑膠收納箱收納。衣架類用資料收納盒來收納也很好用。只要統一收納容器的顏色和材質,就能打造出時尚的洗衣空間。

44 使用活動收納櫃來收納廚房周邊
的料理用具和調味罐

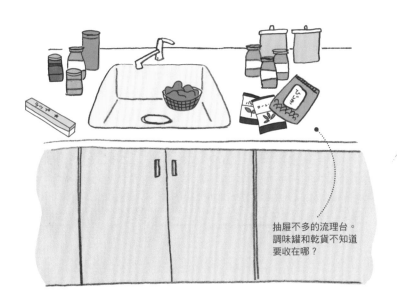

抽屜不多的流理台。
調味罐和乾貨不知道
要收在哪?

◀▶▌

Before

抽屜不多的流理台,
台面上放滿了調味罐。

抽屜不多的流理台,料理用具和調味罐
不知道要收在哪?真的很困擾。水槽和瓦
斯爐中間那一小塊空間,放個砧板就沒位
置了。裝著洗好的菜的料理碗和放肉的調
理盤根本沒地方放!有沒有什麼方法可以
讓廚房更具有機能性呢?

原本是文件類用的活動收納櫃，可以用來收納料理用具和調味罐。
附有輪子可以沿著活動路線移動，更具機能性。

活動收納櫃有許多抽屜，不管是收納料理用具或調味罐都能收納。

　　請在廚房放一台附輪子的活動收納櫃吧！原本用來放文件類的抽屜，也適合用來收納料理用具、調味罐和乾貨。不但可以沿著作業動線移動，上面還可以放東西，調理完畢之後就推到角落，一點也不佔空間。

Case 45 整理陽台小花園，
請把盆栽整齊擺在架子上

凌亂不堪的盆栽
們……。

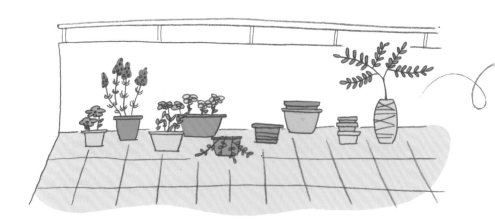

Before

陽台上放了一堆花盆
和盆栽……。

種植了一堆喜歡的花草樹木，等到發現的時候，陽台已經變得無法控制……。與其說是享受種植的樂趣、被植物療癒身心，不如說是『只是身邊有植物圍繞』而已。真希望可以把盆栽都擺好，打造一個能被綠意療癒的清爽空間……。

請將花盆和盆栽統一，整齊擺在架子上。族群較少的植物就移植到同一個花盆裡，讓陽台的園藝空間變得更清爽。架子若有附輪子，也能輕鬆移動。

整齊擺在架子上不但讓空間變得清爽，也更好照顧了。

After

選用相同材質的花盆，
整齊擺在架子上來栽培。

　　盆栽亂放一地的話，當然會有雜亂的感覺。請試著將盆栽的顏色和材質統一，整齊擺在架子。架子若附有輪子，當強風來襲時，也方便移動。另外，族群較少的植物請挑選適合種植在一起的，一併移植到大盆栽裡。

Case 46 手掌可以抓得住是重點！雜誌若堆高到5㎝就表示可以丟掉了

一下子就堆積如山的雜誌和報紙。

Before

丟掉這些堆積已久的雜誌和報紙的時機是……？

定期會購買的雜誌，一不小心就越積越多本。當最新一期的出來之後，就處理掉之前的是最理想的方法，但捨不得丟的下場當然是堆積如山。像是已經不再看、不再聽的報紙、CD和DVD，究竟該如何處理呢？

請準備一個高度5cm的A4尺寸的盒子來收納雜誌。養成『滿了的話就處理掉』的習慣，改善整理東西的能力。

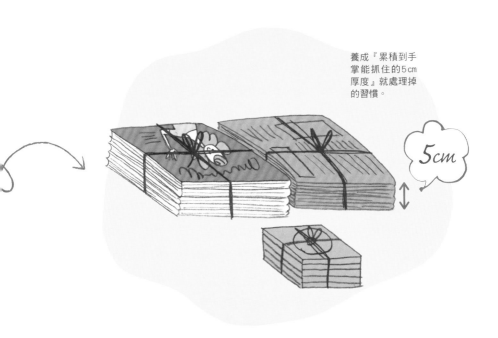

養成『累積到手掌能抓住的5cm厚度』就處理掉的習慣。

5cm

After

手掌能抓住的5cm厚度！
一但累積到這個厚度就處理掉。

　　請留意這5cm。5cm是女生的手掌可以掌握的厚度。這個厚度的雜誌也不會太重，報紙的話就更輕了。這個份量就算是把不要的CD和DVD丟掉也不會有罪惡感。請養成一但報紙和雜誌累積到5cm厚就處理掉的習慣。

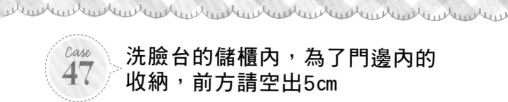

Case 47　洗臉台的儲櫃內，為了門邊內的收納，前方請空出5cm

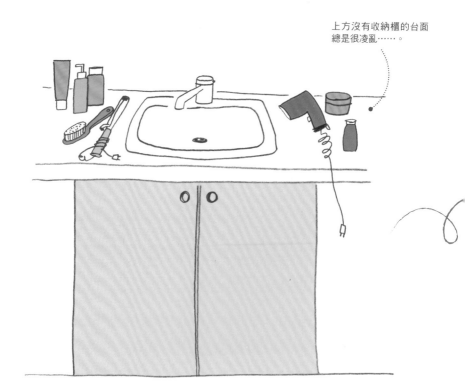

上方沒有收納櫃的台面總是很凌亂……。

◄►

Before

沒有收納櫃的洗臉台，
吹風機只能放在外面。

　　洗臉台的上方沒有收納櫃、或者即使有收納櫃但卻沒有門。這樣洗臉、保養用品、護髮用品和吹風機就只能放在外面。特別是吹風機還有線，放在外面的話更是顯得凌亂。該如何讓洗臉台周圍淨空，變得乾淨俐落呢？

110

佔空間的吹風機，請吊掛收納在門邊內，既好拿又好收。因此，為了門邊內的收納，前方請空5㎝。

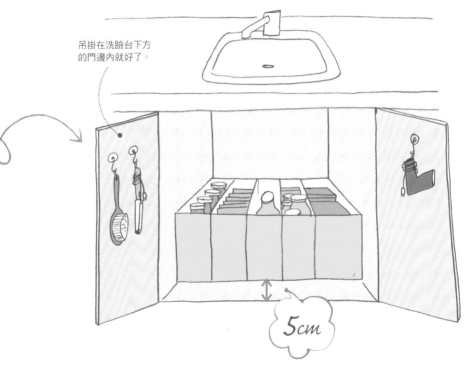

吊掛在洗臉台下方的門邊內就好了。

5cm

　　每天都會用到的地方。更是每天忙碌的早晨和時間賽跑的地點。讓洗臉台能更好用實在太重要了。吹風機或離子夾之類的物品，請吊掛收納在水槽下方的門邊內。護髮用品可放入小袋子，在門邊內用鉤子掛好。因此，為了門邊內的收納，前方請空5㎝。

PROFILE

須原浩子（すはらひろこ）

居家生活諮詢師

擁有整理收納諮詢師、一級建築師、室內設計師等相關執照，不管是漂亮又實用的收納技巧、花紋替換術都擁有很好的評價。除了有客製化的諮詢服務以外，也有參加媒體演出，更有許多書籍作品和監修書籍。另外，在情報綜合網站『All About』進行收納記事的連載，本身也是研討會的人氣講師，在各個領域都很活躍。

http://allabout.co.jp/gm/gp/40

TITLE

捨不得斷捨離？試試5cm整理術！

STAFF

出版	三悅文化圖書事業有限公司
作者	須原浩子
譯者	黃桂香

總編輯	郭湘齡
文字編輯	王瓊苹　林修敏　黃雅琳
美術編輯	謝彥如
排版	靜思個人工作室
製版	大亞彩色印刷製版股份有限公司
印刷	桂林彩色印刷股份有限公司
法律顧問	經兆國際法律事務所　黃沛聲律師

代理發行	瑞昇文化事業股份有限公司
地址	新北市中和區景平路464巷2弄1-4號
電話	(02)2945-3191
傳真	(02)2945-3190
網址	www.rising-books.com.tw
e-Mail	resing@ms34.hinet.net

劃撥帳號	19598343
戶名	瑞昇文化事業股份有限公司

初版日期	2014年1月
定價	250元

國家圖書館出版品預行編目資料

捨不得斷捨離?試試5cm整理術! / すはらひろこ
作 ; 黃桂香譯. -- 初版. -- 新北市 : 三悅文化圖書,
2014.01
112面 ; 14.8*21公分

ISBN 978-986-5959-71-5(平裝)

1.家庭佈置
422.5
103000173

TATTA 5cm HAICHI WO KAERUDAKE OKATADUKE NO SHIN RULE
©HIROKO SUHARA 2012
Originally published in Japan in 2012 by SEIBUNDO SHINKOSHA PUBLISHING CO., LTD.
Chinese translation rights arranged through TOHAN CORPORATION, TOKYO .,
and Keio Cultural Enterprise Co., Ltd.